I0060473

COUP D'ŒIL

SUR

LES EAUX MINÉRALES

DU DAUPHINÉ,

PAR LE Dr BARON,

MÉDECIN CONSULTANT A ALLEVARD (ISÈRE),

Membre de la Société d'hydrologie médicale de Paris, — de la
Société de médecine de Grenoble, ex-inspecteur
adjoint des eaux de La Motte.

GRENOBLE

IMPRIMERIE DE PRUDHOMME, RUE LAFAYETTE, 14.

1866.

COUP D'OEIL

SUR

LES EAUX MINÉRALES

DU DAUPHINÉ,

PAR LE Dʳ BARON,

MÉDECIN CONSULTANT A ALLEVARD (ISÈRE);

Membre de la Société d'hydrologie médicale de Paris, — de la
Société de médecine de Grenoble, ex-inspecteur
adjoint des eaux de La Motte.

GRENOBLE

IMPRIMERIE DE PRUDHOMME, RUE LAFAYETTE, 14.

—

1866.

163
Ie 626

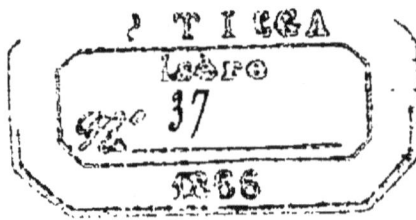

TIBGA
37
N 56

COUP D'ŒIL

SUR

LES EAUX MINÉRALES

DU DAUPHINÉ.

COUP D'ŒIL

SUR

LES EAUX MINÉRALES

DU DAUPHINÉ,

Par le Dr BARON,

MÉDECIN CONSULTANT A ALLEVARD (ISÈRE),

Membre de la Société d'hydrologie médicale de Paris, — de la
Société de médecine de Grenoble, — ex-inspecteur
adjoint des eaux de La Motte.

GRENOBLE

IMPRIMERIE DE PRUDHOMME, RUE LAFAYETTE, 14.

1866.

Une étude approfondie des Eaux minérales de notre Dauphiné serait une œuvre essentiellement utile et patriotique, mais ce travail de longue haleine ne peut être accompli par un seul ; le géologue, l'ingénieur, le chimiste , le médecin , l'architecte même, sont appelés à fournir leur contingent de science pratique dès qu'il s'agit d'eaux minérales, de leur aménagement et de leur application médicale. Notre province renferme tous les éléments nécessaires pour mener à bonne fin ce travail ; nous avons des sociétés savantes, et en particulier une société de médecine , qui comptent dans leur sein des hommes éminents ; un journal voué aux intérêts des eaux de la contrée qui a déjà conquis sa place en hydrolo française. Voilà, certes, des gages sérieux de succès !

Pour nous, dans ce simple coup d'œil sur quelques points de l'histoire naturelle et médicale des eaux minérales du Dauphiné, nous n'avons d'autre prétention que d'indiquer le but à atteindre, heureux si nous avons des imitateurs plus autorisés que nous !

Notre préoccupation en ce moment est moins de faire l'histoire détaillée de chaque source que d'indiquer les points qui les rapprochent ou les différencient. Plus tard, lorsque nous aurons acquis une expérience personnelle suffisante des eaux d'Allevard, près desquelles nous exerçons, nous pourrons concentrer nos études sur la station de notre choix.

COMMENTAIRE

SUR UN POINT DE L'HISTOIRE NATURELLE

DES

EAUX MINÉRALES DU DAUPHINÉ.

La nature, qui a la réputation de ne rien faire en vain, semble, au premier aspect, s'être départie de sa sagesse habituelle en plaçant souvent les sources minérales sur le bord des torrents. N'est-ce pas mettre le mal à côté du bien et exposer fort ces chères et bonnes eaux à perdre, par le mélange, leurs vertus bienfaisantes?..... Pour nous, confiants dans les œuvres de Dieu, nous ne doutons pas que cette fréquente relation des eaux minérales avec les cours d'eau ne cache une profonde combinaison.

Sans sortir de notre Dauphiné, nous avons les eaux d'Allevard qui se font jour sur les bords du Bréda; celles de l'Echaillon, qui se sont longtemps mêlées à l'Isère; les eaux de la Motte et de Mayres qui bordent la rive droite du Drac. La source d'Uriage semble, au premier abord, faire exception à cette règle ; il n'en est rien cependant. Il résulte de l'inspection géologique des lieux que la Romanche, qui se jette aujourd'hui dans le Drac par la gorge de l'Etroit, inondait autrefois la vallée de Vaulnaveys et se déversait dans le bassin de l'Isère par la vallée de Sonnant ; ce n'est qu'après la rupture du barrage naturel, formé par les rochers de l'Etroit, que le torrent de l'Oisans, changeant de direction, s'est formé son lit actuel. Il est difficile d'assigner une date à ce phénomène naturel ; il n'est cependant pas très-ancien, puisque le docteur Nicolas, qui écrivait en 1781, parle d'un ancien acte de vente d'un champ voisin du château d'Uriage, duquel il résulte que le champ vendu confine, au couchant, la Romanche.

D'autres raisons militent en faveur de cette opinion : des variolites de la Romanche ont été recueillies dans la gorge de Gières ; les parois de l'Etroit ont bien l'aspect déchiré d'un passage violemment emporté par les eaux ; l'étymologie de Vaulnaveys *(Vallis nova)* nous fait assister au spectacle de la vallée qui se découvre lentement, à mesure que les eaux se retirent ; enfin, la galerie qui amène les eaux minérales creuse sa route au milieu d'un dépôt composé de pierres granitiques, roulées et disséminées en plus ou moins gros blocs, dans des masses de sables et de graviers; et ces alluvions revêtent le flanc de la montagne dans une grande épaisseur.

D'après ces raisons, il paraît certain que la Romanche a baigné la vallée de Vaulnaveys. A cette époque, les eaux d'Uriage se trouvaient dans les conditions de celles de la Motte et d'Allevard; le cours d'eau a changé sa direction, mais la source a continué de fluer en vertu de l'habitude acquise.

Bien que hors de notre rayon dauphinois, les eaux d'Aix en Savoie nous sont trop voisines pour ne pas les comprendre dans nos commentaires. Ces sources, les plus abondantes d'Europe, qui débitent près de sept millions de litres d'eau minérale par jour, ont eu aussi, à une époque géologiquement récente, un cours d'eau qui les bordait.

Celui-ci n'était autre que notre Isère, qui alors s'écoulait vers le Rhône par la vallée du Bourget. On conçoit l'immense pression que devaient exercer les eaux réunies des vallées de l'Arc et de la Haute-Isère: il en est résulté, à Aix, le jaillissement d'une véritable rivière minérale.

Celle-ci, aussi privilégiée que la source d'Uriage, a continué, pour la plus grande prospérité de la contrée, à verser ses eaux bienfaisantes, bien que l'Isère, par suite de la rupture de son barrage naturel à Moirans, ait abandonné son ancien lit.

Attachons-nous à donner la raison de cette relation actuelle ou passée des cours d'eau avec les eaux minérales.

Généralement les eaux thermo-minérales gisent dans les pays de montagnes; par suite de leur émission ascensionnelle et souterraine, elles ont dû tendre à se créer des voies par les points de moindre résistance, comme le pied des montagnes, le fond des vallées; or, c'est par ces points déclives que s'écoulent les eaux provenant des sources ou de la fonte des neiges; de là ce rapport fréquent de voisinage que nous signalons. Mais la nature, qui s'approprie toutes les circonstances, même celles qui sont en apparence les plus défavorables, a dévolu envers les eaux minérales un rôle important aux eaux des torrents. Celles-ci, par la pression de leur masse liquide, aidées de la vitesse de leur cours, ont la mission de forcer les filets d'eau minérale à se réunir et à jaillir régulièrement. On a même remarqué que, quand les eaux des torrents subissent des crues, à la suite d'orages ou de fontes de neige, les sources minérales voisines coulent plus abondantes, et, chose digne d'attention, plus chaudes.

M. l'ingénieur J. François a, le premier, étu-
dié cette force nouvelle d'une manière scienti-
fique, et l'a nommée *pression hydrostatique*.
Il a remarqué que, dans les conditions que
nous étudions, il est une limite après laquelle
la température diminue, le volume d'eau minérale continuant à croître. Cette limite corres-
pond à un état d'équilibre entre l'eau thermale,
d'une part, et, d'autre part, l'eau froide ou de
pression. Au delà, il y a un mélange d'eau
froide accusé par la diminution de température.

De ces observations, il est facile de conclure
qu'il est très-important, pour la conservation
intégrale d'une eau minérale, que la pression
ne dépasse pas ce dernier point; de même
qu'il est utile, dans le même intérêt, de l'y
maintenir.

C'est ainsi que, s'inspirant de ces principes,
M. J. François exécuta, à Luchon, à Ussat et
à la Malou, les travaux qui l'ont rendu célèbre.
Les eaux minérales de ces stations se présen-
taient, suivant les saisons, dans des conditions
variables de débit, de température, de minéralisation. Pour régulariser ces qualités essen-
tielles, M. J. François fit appel à la pression
hydrostatique, utilisa les eaux sur place lorsqu'il put, ou bien, au cas d'insuffisance de cette
eau, fit un emprunt par dérivation aux sources

et aux cours d'eau les plus voisins. Le succès a couronné ces efforts, les eaux de Luchon, d'Ussat et de la Malou ont conservé en toute saison une allure régulière, et ces applications de la pression hydrostatique, qui ont plus de vingt ans de date aujourd'hui, donnent encore les plus satisfaisants résultats.

La pression hydrostatique nous rend compte de quelques phénomènes qui intéressent nos thermes dauphinois :

On a remarqué qu'à Allevard, lors des grandes crues du Bréda, de petits filets d'eau minérale se font jour sur la rive droite et disparaissent à mesure que s'abaisse le niveau du torrent. On conçoit que ces apparitions passagères puissent devenir permanentes et attirer à leur profit tout ou partie de la source principale qui sort sur la rive opposée.

Il en a été certainement ainsi à la Motte.

Les eaux de la Motte se font actuellement jour sur la berge droite du Drac ; mais on se rappelle au village d'Avignonet, qui domine sa rive gauche, que des vieillards ont assuré avoir vu couler les sources du côté de leur village. Il existe une preuve convaincante de la véracité de cette chronique, c'est l'existence de quelques débris de constructions qui paraissent dater de l'époque gallo-romaine, sur la rive gauche du Drac. Il est permis d'inférer de ce fait

que le primitif canal d'émission des sources de
la Motte s'est peu à peu obstrué par le dépôt
des sels minéraux, et que, par un beau jour,
grâce à une pression considérable du Drac, les
eaux ont jailli sur leurs griffons actuels.

Quoi qu'il en soit, les faits qui précèdent
sont appelés peut-être à éclairer une question
qui a occupé la société de statistique de l'Isère
dans sa séance du 3 mai 1841.

M. Pilot, le savant et consciencieux archi-
viste de l'Isère, lisait devant cette assemblée
une note qui dénonçait à la Buisse la découverte
d'anciens thermes romains. M. le comte de
Galbert, le propriétaire du terrain sur lequel
reposent ces substructions, appuyait les observations de M. Pilot et donnait de nouveaux dé-
tails. En signalant l'ancienne existence d'un
établissement de cette nature, ces Messieurs ne
pensaient certes pas qu'il eût jamais existé à la
Buisse une source d'eau thermale ou d'eau minérale froide ; ils admettaient simplement que
les Romains, dont le goût pour les bains était,
comme on le sait, très-prononcé, avaient élevé
là des constructions thermales au même titre
qu'ils en avaient édifié à la Tronche, à Bar-
raux, à Morestel en Viennois et dans d'autres
lieux.

Mais aujourd'hui que nous connaissons les
variations de sortie que peuvent affecter les

sources minérales sur l'une et l'autre rive du
cours d'eau qui les borde, nous pouvons affir-
mer qu'à la Buisse il existait autrefois une
source d'eau minérale froide dont les Romains
utilisaient les principes minéralisateurs, et
qu'ils élevaient à la température voulue dans
les hypocaustes dont on a trouvé les traces non
douteuses.

Qu'on ouvre l'excellente carte géologique
tracée par M. Lory, on verra qu'il existe un
dépôt de calcaire corallien, en forme de fond
de bateau, qui, de l'Echaillon, se relève à la
Buisse, affectant une direction transversale à
l'Isère et passant sous son lit; ce dépôt est re-
couvert en partie par les alluvions de l'Isère,
datant de l'époque que cette rivière occupait
toute la plaine. Or, nous venons de voir avec
quelle facilité une eau minérale transporte son
griffon d'une rive à l'autre d'un cours d'eau;
ne peut-on pas admettre que la source qui se
fait jour aujourd'hui à l'Echaillon, grâce au ré-
trécissement du lit de l'Isère, ait pu sortir autrefois sur la rive opposée de cette rivière, à
la Buisse, alors qu'elle s'épandait librement
dans tout le bassin? Cette opinion nous paraît
d'autant plus probable que le dépôt sédimen-
taire est le même dans l'une et l'autre localité;
et, dès lors, l'existence d'un établissement thermal à la Buisse, alimenté par des eaux miné-

rales et datant des Romains, nous paraît pouvoir être affirmée.

De prime abord, il semble singulier que la nature ait dévolu aux cours d'eau le rôle d'aider à la conservation intégrale des eaux minéro-thermales, alors qu'il est si utile d'éviter le mélange de celles-ci avec celles-là. Quelques remarques, que nous demandons la permission de soumettre, aideront à faire paraître le fait moins étonnant.

Des eaux différentes par l'aspect, par la température et par l'agrégat minéral, ont de la peine à se mélanger. Nous avons tous vu, au point de réunion de la Romanche et du Drac, le long temps que les eaux de l'un et de l'autre torrent marchent côte à côte avant de se marier. Nous entendions récemment soutenir que des observateurs, bien clairvoyants il faut avouer, différenciaient, à Vienne, les eaux du Rhône et de la Saône.

Lorsque l'écart, dans les températures et les densités, est plus accusé, les résultats sont plus nets. Ainsi, d'après les auteurs du *Dictionnaire général des eaux minérales*, « plusieurs » sources minérales s'élèvent du fond de la mer » sur les côtes d'Italie, dans les îles Ioniennes, » dans la Malaisie, etc. ; l'eau de ces sources » se mêle difficilement à celle de la mer qui » leur fait gaîne. On cite la source du golfe de

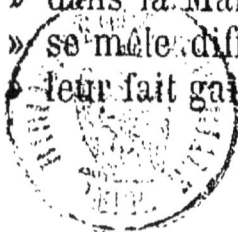

» la Spezia qui, à plusieurs brasses de pro-
» fondeur, accuse la même température qu'à
» sa surface; sur les côtes des Bouches-du-
» Rhône et du Var, des sources sous-marines
» d'eau douce, provenant du littoral, ne se
» mêlent à l'eau de mer qu'à de grandes dis-
» tances. »

Concluons de là que deux eaux de température, de densité ou de minéralisation différentes tendent toujours à se séparer, surtout si elles sont sollicitées par des mouvements inverses, tels qu'en présentent des eaux minérales ascensionnelles et des nappes d'eau horizontales; et reconnaissons que la bonne nature n'a pas failli à sa sagesse habituelle en faisant souvent surgir les eaux minérales sur les bords des torrents.

MINÉRALISATION.

Les eaux minéro-thermales habitent de préférence les pays de montagnes ou tout près d'eux. L'époque d'apparition des différentes chaînes, la composition chimique de leurs roches, caractérisent jusqu'à un certain point la minéralisation des grands groupes naturels d'eaux thermales qu'elles alimentent. Ainsi les eaux minérales des Pyrénées sont généralement des eaux sulfureuses; celles de l'Auvergne sont al-

calines et renferment presque toutes du bi-car-
bonate de soude ; celles des Vosges sont salines.
Chacun de ces groupes peut invoquer un type
autour duquel viennent se ranger, en lui res-
semblant plus ou moins, toutes les eaux de sa
région. Bonnes et Cauterets sont assez bien les
sulfureuses types des Pyrénées ; Vichy est la
plus haute expression des bi-carbonatées sodiques de l'Auvergne ; Bourbonne caractérise le
mieux les salines des Vosges.

Il est plus difficile de préciser le type caractéristique des eaux minérales des Alpes ; elles
paraissent au premier abord aussi diverses que
les filons métalliques qui abondent dans ses
montagnes. Nous pensons cependant qu'elles
peuvent, en général, se rattacher à la classe
des eaux salines chloro-sulfatées, dont les sulfureuses ne sont qu'une déviation par suite
de réactions chimiques que nous allons indiquer.

C'est dans le trias, terrain interposé aux roches cristallines et au lias, que paraissent se
minéraliser la plupart des sources du Dauphiné. Là se rencontrent le gypse, le sel gem-
me et les calcaires magnésiens.

Lisons plutôt la note de M. Lory, insérée
dans un ouvrage récent sur les eaux d'Uriage,
qui commente avec l'autorité que nous savons
le mode de minéralisation des sources dauphi-
noises.

« Le trias, dit ce savant géologue, est le terrain éminemment salifère, dans les Alpes comme ailleurs. Les eaux qui filtrent à travers les gypses et les calcaires magnésiens se chargent de sulfates et de carbonates de chaux et de magnésie. Quant au chlorure de sodium, quoique sa présence soit moins générale dans le trias des Alpes occidentales que dans celui d'autres contrées, c'est encore à ce terrain qu'appartiennent les roches salées de Bex, du bourg St-Maurice, les sources salées de Moutiers, et beaucoup d'autres moins connues, dans la Savoie, le Dauphiné, les Basses-Alpes, etc. Enfin, c'est du trias même, ou bien du lias, mais à peu de distance du trias, comme à Uriage, que jaillissent la plupart des sources minérales des Alpes françaises, surtout celles qui contiennent des proportions notables de chlorures et de sulfates. Les eaux d'Allevard, de la Motte, de Digne, du Plan-de-Phazy, du Monestier-de-Briançon, de Brides, de St-Gervais (Savoie) et beaucoup d'autres, sont dans ces conditions géologiques.

« Quant à l'hydrogène sulfuré qui existe dans plusieurs de ces eaux et qui est d'une si grande importance au point de vue thérapeutique, on le retrouve dans d'autres sources jaillissant de divers terrains, mais presque toujours en relation avec des roches calcaires, contenant du sulfure de fer très-divisé et très-altérable. Dans des conditions convenables, une série de réactions faciles à comprendre explique naturellement la sulfuration des eaux qui sortent de ces roches. »

Nous ne croyons pas démontrée la manière dont l'éminent professeur explique le mode de sulfuration des eaux d'Uriage et d'Allevard. Nous nous permettons de faire remarquer que les eaux de la Motte et de Mayres apparaissent au milieu de terrains calcaires contenant également du sulfure de fer divisé, et cependant celles-ci n'ont pas un atome d'hydrogène sulfuré.

Nous adoptons plus volontiers l'opinion de M. O. Henry, l'habile chimiste de l'Académie de médecine, partagée par M. Filhol, de Toulouse, qui fait dériver la sulfuration de certaines eaux minérales de la réduction des sulfates en sulfures au moyen de la matière organique qu'elles contiennent.

M. O. Henry fut le premier qui, en 1837 et en 1854, fit de nombreux essais, soit directs, soit indirects, au sujet de l'action réductrice de matières organiques sur certains sulfates, et reconnut que la plupart se transformaient en sulfures dans un temps plus ou moins long. Il trouva aussi que des échantillons de gypse naturel, pris dans diverses localités (Montmartre,

St-Chaumont, Belleville, Montmorency, etc.),
mis en contact avec l'eau, à l'abri de l'air, se
changeaient assez promptement en sulfures,
à la faveur des matières organiques intercalées
dans ces substances minérales : tandis que ,
lorsqu'on avait détruit par la chaleur les matières organiques, comme dans le plâtre cal-
ciné, la sulfuration ne se produisait plus.

Le gypse du département de l'Isère ne renferme pas de matières organiques ; celles-ci se
trouvent en dissolution dans les eaux minérales, et, dès lors , la réaction se produit.

Les eaux de la Motte et de Mayres, bien que
contenant une proportion considérable de sulfate de chaux, ne deviennent cependant pas
sulfureuses comme leurs voisines d'Uriage et
d'Allevard ; c'est que la réduction, pour se
produire, a besoin d'un certain temps. La
haute température des premières indique qu'elles apparaissent à la superficie peu de temps
après leur origine souterraine, tandis que les
secondes, moins thermales, cheminent plus ou
moins longtemps sous les terrains sédimen-
taires avant de se manifester.

Quant à reconnaître que certains sels, comme le chlorure de sodium, les carbonates et sulfates de chaux et de magnésie, proviennent de
la lixiviation du terrain qui représente chez
nous le trias, nous n'hésitons pas à le faire.

Sous ce rapport, les choses ne se passeraient pas autrement dans le Dauphiné que dans les Vosges, où il est reconnu que c'est dans le trias que se minéralisent les eaux de Bourbonne, ces proches parentes des eaux de la Motte, Luxeuil, Niederbronn, etc.

Mais le passage des eaux minérales à travers le trias suffit-il pour nous rendre compte de la présence de certains principes répandus à doses minimes dans les eaux et qui constituent des médicaments héroïques, tels que l'iode, le brôme, l'arsenic, etc., et devons-nous nous contenter de chercher l'origine de ces principes dans la composition chimique des terrains traversés ? Nous ne le pensons pas.

Pour nous, comme pour d'autres hydrologues, c'est dans le sein de la terre que les eaux se chargent de ces principes peu solubles de leur nature, grâce à l'influence d'une haute pression, d'une température extrême et même de l'électricité. Nous admettons pour les eaux minéro-thermales deux sources de minéralisation : l'une centrale, c'est-à-dire dans les couches profondes ; l'autre excentrique, gisant dans les terrains que traversent les eaux dans leur retour à la superficie du sol.

Ce retour à niveau des eaux thermales ne se fait pas indifféremment sur tous les points ; il est certaines voies qu'elles choisissent de préférence : ce sont les trouées faites à l'écorce terrestre par les roches ignées qui se sont fait jour à diverses époques géologiques.

« On conçoit, en effet, que, pour des eaux de provenance souterraine, douées d'un mouvement ascensionnel, il n'existe aucune cause plus favorable à la formation des canaux émissaires, des cheminées ascensionnelles , que les vides provoqués par l'éruption d'une roche, soit que l'on considère les actions diverses exercées par cette éruption sur les terrains encaissant, soit que l'on s'arrête simplement aux effets du retrait dus au refroidissement après l'éruption. » (*Dictionnaire des eaux minérales*.)

Ce fait de la présence d'eaux minérales aux voisinages de roches d'éruption mérite d'être signalé dans notre Dauphiné. Les eaux thermales de la Motte et de Mayres paraissent liées d'origine avec l'éruption des spilites au milieu des strates du lias. On observe cette roche plutonique à la Motte, dans le ravin du ruisseau de Vaux, là même où l'on exploitait naguère des minerais aurifères. Elle est également très-apparente sur les bords du Drac, à deux cents mètres en amont de la source de Mayres. De là elle franchit le torrent, longe Combe-Aurouse, le côteau de Vulson, et se perd en droite ligne , à quelques centaines de mètres, sous le

terrain oxfordien de Mens, non loin des sources ferrugineuses d'Oriol.

Il y a dans la vallée de Valbonnais une
source thermo-minérale inexploitée, quoique
assez abondante, qui relève évidemment d'un
filon de spilites passant sur Plan-Collet et se
dirigeant sur Entraigues et Gragnolet. Les ha-
bitants de la vallée connaissent cette source
qu'ils appellent le Riouchaud, et y vont en
toute saison baigner leurs petites misères.

Bien plus haut que Gragnolet, au col de
l'Ourtière, sur le versant de la montagne ga-
zonnée qui avoisine la Salette, coule un filet
d'eau sulfureuse dont nous avons reconnu la
présence cette année. Or, la roche plutonique
perce le col de l'Ourtière de part en part pour
de là se diriger vers Aspres-lès-Corps, où elle
se retrouve par bancs énormes.

Il n'est pas jusques dans les Hautes-Alpes
que peut s'observer la présence d'eaux minérales au voisinage des spilites. Les eaux du
Plan-de-Phazy sont évidemment congénères de
la roche ignée qui s'est fait jour dans cette contrée.

Sur quelques points des Pyrénées, les ophites jouent le rôle des spilites dans les Alpes. Les
géologues nous apprennent que les calcaires
soulevés par ces roches deviennent cristallins
et dolomitiques dans le voisinage ; ils semblent

même avoir été convertis en gypse à leur contact, sans doute par l'action des matières gazeuses qui se dégageaient en même temps, car
partout le gypse accompagne immédiatement
les ophites, se trouve même entre-mêlé avec
ces roches et ne se présente nulle part ailleurs
le long de cette chaîne de montagnes. C'est
exactement ce qui se passe dans les Alpes par
le contact des spilites avec les calcaires. Ceux-
ci ont été, ici, dolomisés, là, convertis en gypse
(Champ, Cognet, Valbonnet, etc.), suivant la
prédominance au moment de l'éruption des
émanations gazeuzes sulfuriques ou magné-
siennes. Mais l'analogie entre les ophites des
Pyrénées et les spilites des Alpes se poursuit
plus loin ; elles servent chacune de canaux
d'émission à des eaux dont les chlorures et les
sulfates sont la caractéristique minéralisatrice.
Pour les Alpes : la Motte, Mayres et très-pro-
bablement Uriage et Allevard ; pour les Pyrénées : Salies en Bearn, Salies en Ariége, Roc-
de-Lannes à Bagnères, Saint-Christau (Basses-
Pyrénées). Nous lisions dernièrement dans la
Revue des Deux-Mondes le passage suivant :

« Les flancs des montagnes de la Corse renferment de grandes richesses minérales. Outre
des mines de cuivre qui paraissent devoir être
très-productives, on y rencontre le porphyre,
le granite orbiculaire, tous deux très-recher-

chés dans les arts ; l'*euphotide*, appelé aussi
vert de Corse (verde di Corsica), roche très-
dure, particulière à ce pays et susceptible d'un
très-beau poli. Enfin, on trouve de tous côtés
des *sources minérales* très-variées dont la réputation ne s'est guère étendue, jusqu'ici, au-
delà des limites de l'île. » (N° du 15 mai 1864,
les Forêts de la Corse, par J. Clavé.)

Nous tenons d'un ingénieur américain que
le hasard des voyages nous fit rencontrer l'an
dernier à Allevard, que dans la Cordillère des
Andes, les roches trapéennes, les filons métalliques et les eaux minérales sont les termes
d'une triade qui ne s'abandonnent jamais.

Il nous citait l'exemple d'un mineur qui
avait perdu toute trace du filon d'argent qu'il
exploitait, lorsqu'à quelques cents mètres il
rencontra une source minérale. Fort de cet in-
dice, il attaqua hardiment la roche en cet en-
droit et fut assez heureux pour rentrer en pos-
session d'une veine plus puissante et plus riche que celle qu'une faille venait de lui faire
perdre.

Terminons cet article déjà trop long en di-
sant que les eaux minérales du Dauphiné se
rattachent à la classe des eaux chloro-sulfatées ; que les eaux sulfureuses de la contrée
ne sont que des dérivés du type. Ajoutons que
ces eaux se minéralisent dans le trias, et que

leur origine souterraine paraît liée à la présence d'une roche ignée, appelée spilite, qui s'est fait jour dans le trias ou non loin de ce terrain dans les couches du lias.

THERMALITÉ. — ELECTRICITÉ.

La thermalité des eaux minérales résulte de leur origine souterraine ; elle leur est communiquée par les couches profondes du sol, qui ont une température d'autant plus élevée qu'elles se rapprochent davantage du centre de la terre.

En prenant pour point de départ la température d'une couche du sol inaccessible aux variations thermiques de l'atmosphère, il est reconnu aujourd'hui que la chaleur de la terre augmente de 1 degré centigrade par 31 à 32 mètres de profondeur, ce qui équivaut à 0°, 31, à 0°, 32 par mètre. D'après cette base, il serait admis que l'eau bouillante sous nos pieds serait à 2900 mètres.

L'hypothèse du feu central est celle qui explique le mieux l'échauffement des eaux minérales. Entrevue déjà par Albert le Grand au XIIIe siècle, ce fut le célèbre Laplace qui en donna le premier une explication satisfaisante. Voici en quoi elle consiste : Les eaux pluviales pénètrent dans le sein de la terre par des fissures plus ou moins profondes et arrivent dans de vastes cavernes, véritables réservoirs situés à une grande profondeur, à 3000 mètres par exemple, où elles subissent l'influence de la chaleur ; elles s'échauffent à 100°, se dilatent, deviennent plus légères et remontent par d'autres fissures par lesquelles elles sourdent à la surface de la terre, de sorte qu'il s'établit ainsi deux courants : l'un descendant d'eau froide, l'autre ascendant d'eau chaude.

Au premier abord il semble qu'étant donnée la température d'une eau minérale à sa source, il est facile de déterminer la profondeur d'où elle vient. En s'en tenant à ce simple calcul, on s'expose à de grosses erreurs. En effet, le trajet d'une eau minérale depuis son origine souterraine jusqu'à son apparition au sol est rarement un trajet direct, il s'effectue souvent pendant un temps assez long dans les couches superficielles, de là une énorme déperdition de chaleur qui peut aller jusqu'au refroidissement complet.

Ainsi, les eaux d'Allevard qui apparaissent froides, peuvent avoir perdu leur thermalité en courant dans les calcaires qui bordent les eaux glacées du Bréda, bien que leur origine soit souterraine, puisque c'est à la suite d'un tremblement de terre, en 1791, qu'elles ont jailli sur le griffon qu'elles n'ont pas abandonné depuis. Or, l'origine souterraine d'une eau minérale et une thermalité quelconque sont deux termes tellement liés, qu'il est difficile à l'esprit d'admettre l'un sans l'autre.

Les principales eaux thermales du Dauphiné sont, dans l'Isère : La Motte (58° et 60° c.) ; Mayres (32° c.); Uriage (27°). Dans les Hautes-Alpes, le Monêtier de Briançon (22° et 45° c.) ; le Plan de Phazy (28° et 30° c.).

Nous avons dit précédemment que le trajet des eaux de la Motte et de Mayres ne s'effectuait pas longtemps dans les calcaires, après leur abandon de la roche plutonique qui leur servait de canal émissaire, et nous avons attribué à cette circonstance la conservation de leur thermalité. Nous avons également mentionné la présence de la roche ignée près des sources du Plan de Phazy. Quant à Uriage, il nous est impossible de croire qu'un jour n'amène pas la découverte des spilites dans les environs; nous en sommes d'autant plus convaincu que non loin de là, à Domène, on connaît une source thermale (45° c.) inexploitée qui témoigne de l'existence rapprochée d'une roche d'éruption.

Quoi qu'il en soit, la thermalité d'une eau minérale est une qualité précieuse ajoutée à sa minéralisation, elle la rend immédiatement propre aux usages balnéaires, elle ne représente pas seulement une économie de combustible, elle est encore utile à la conservation parfaite des différents principes médicamenteux qu'elle contient.

Nous ne sommes pas de ceux qui croient que le calorique naturel des eaux minéro-thermales s'y trouve dans un état de combinaison tout particulier qui leur imprime, par rapport à nos organes, des propriétés très-différentes de celles que nous pouvons communiquer à l'eau à l'aide de nos moyens artificiels de chauffage. Nous serions démentis par les faits. Divers expérimentateurs ont, en effet, démontré que des eaux thermales placées à côté d'eaux douces amenées à la même température, se refroidissaient toujours dans le même temps. Seulement nous pensons qu'il est avantageux de conserver autant qu'il est possible leur chaleur primitive aux eaux thermales, parce qu'un abaissement ou une élévation de température amène toujour une perturbation dans leur agrégat minéral.

Le rôle de la thermalité des eaux a été, du reste, parfaitement déterminé par MM. Réveil et Trousseau. Voici comment s'expriment ces auteurs :

« La thermalité des eaux joue un rôle capital comme thérapeutique, qu'on considère son action isolée, qu'on la considère combinée avec celle des autres principes minéralisateurs. Elle joue aussi son rôle dans la combinaison du médicament que les eaux constituent. Bien qu'il nous soit plus facile de rendre artificiellement à une eau minérale les degrés de température qu'elle a perdus, que d'imiter sa composition chimique, cette thermalité artificielle ne répond point à la thermalité native, non pas que celles-ci soient différentes l'une de l'autre, une pareille idée serait contraire aux notions les plus élémentaires de la physique, mais parce qu'en se refroidissant les eaux naturellement chaudes s'altèrent en quelque façon; par ce seul fait, une partie des éléments chimiques tenue en dissolution en raison d'un certain degré de température, se précipitent, leurs combinaisons se modifient, et nous ne saurions, en les réchauffant, remettre les choses dans l'état où elles étaient primitivement. Ces considérations nous permettent de comprendre pourquoi, lorsqu'elles sont transportées, les eaux à basse température perdent moins de leurs propriétés que les eaux à température élevée; pourquoi, par conséquent, loin de leurs sources, elles leur sont préférables. » (*Traité de l'art de formuler*, 2e édition, p. 356.)

Les eaux thermales les plus avantageuses sont celles qui peuvent être appliquées à l'art de guérir, telles qu'elles sourdent au point d'émergence et sans avoir besoin d'un réchauffement artificiel ou d'un refroidissement partiel. Telles seraient les eaux de Mayres si elles étaient employées; telles sont les eaux des Hautes-Alpes dont nous avons fait mention. La température des eaux d'Uriage se rapproche de cette normale recherchée, et la Motte la dépasse de beaucoup. Heureusement pour cette dernière station que la nature des lieux ne se prêtant pas à ce que les eaux soient prises sur place, et aucun principe trop fugace n'entrant dans leur composition, il est possible, avec une conduite appropriée, de ménager leur ascension de manière à ce qu'elles arrivent à l'établissement avec la thermalité voulue pour leur emploi immédiat.

Quant aux eaux d'Allevard, pas n'est besoin, pour expliquer leur efficacité, et leur vogue croissante, d'appeler à leur aide la thermalité qu'elles n'ont pas; une initiative intelligente a su démêler leur spécialité et le meilleur mode de leur emploi, l'inhalation et la boisson. Que ceux qui président aux destinées de ces eaux persistent dans cette voie, le succès actuel leur répond du succès à venir.

Mais enfin les eaux froides, même les plus altérables, ont besoin d'être réchauffées pour les besoins accessoires du traitement, tels que

pédiluves, bains locaux, généraux, douches,
etc.; dans ce cas, il faut que cette opération soit
conduite avec toute la sagacité et les ménage-
ments qu'on y met à Uriage et à Allevard. C'est
à l'aide de la vapeur qu'on échauffe ces eaux :
le contact a lieu, à Uriage, au moyen d'une
vaste lentille creuse remplie de vapeur et plon-
gée dans les bassins ; ce même contact a lieu
par voie de serpentinage à Allevard ; mais
dans l'un et l'autre cas l'opération se faisant
en vase clos, la déperdition de l'élément sulfureux est la moindre possible.

Pour compléter nos commentaires sur les
qualités physiques et chimiques des eaux minérales du Dauphiné, il reste à mentionner en
quelques mots un élément nouveau qui pro-
met de prendre une place importante dans le
mode d'action des eaux minérales en général,
mais qui n'a pas encore été recherché dans les
eaux de notre région, nous voulons parler de
l'électricité développée par les eaux.

Depuis quelque temps on parlait vaguement
d'une force électro-magnétique contenue dans
les eaux thermo-minérales. Villaret, dans une
discussion mémorable à la Société d'hydrologie médicale de Paris, faisait appel à l'électricité pour expliquer l'action spéciale des eaux de
Bourbonne dans les paralysies. M. O. Henry,
dans son *Traité pratique d'analyse chimique*

des eaux minérales, s'exprimait ainsi (pag.
21) : « Il faut avoir la franchise d'avouer que la
science n'a pas dit son dernier mot au sujet de
l'action médicatrice des eaux, et qu'il y a peut-
être, comme quelques hydrologues le pensent,
des principes cachés ou bien une sorte de *vie
des eaux*, ce qui serait, par exemple, un état
électrique particulier qui leur imprime des
propriétés que nos moyens ne peuvent imiter.

M. Scoutteten, de Metz, est venu lever toute
incertitude à cet égard. Ce savant, de ses pa-
tientes recherches, a cru pouvoir tirer les con-
clusions suivantes :

1° L'eau thermale développe une électricité
qui est négative, par rapport à celle de la terre
qui est positive ; 2° la quantité d'électricité est
en raison directe de la minéralisation et de la
température de l'eau ; 3° l'activité curative
d'une eau minérale est proportionnelle à la
quantité d'électricité qu'elle est à même de
fournir.

Il y a, de l'avis des hydrologues les plus autorisés, deux choses à distinguer dans les ex-
périences de M. Scoutteten : un fait établi sur
l'expérimentation contrôlable par le même pro-
cédé et qu'il est impossible de contester, et une
interprétation théorique de ce fait, que l'on ne
doit considérer que comme une hypothèse
tant qu'une étude approfondie du sujet n'en

aura pas démontré la légitimité. La réalité de l'existence de phénomènes électriques qui se manifestent au contact des corps avec l'eau minérale est aujourd'hui incontestable; mais il faut encore de longues études pour arriver à déterminer avec quelque précision quelle est la part d'influence qui revient à ce phénomène dans l'action si complexe et si difficilement analysable des eaux minérales.

ACTION THÉRAPEUTIQUE.

Aux yeux des médecins, trois raisons principales militent en faveur d'un établissement thermal : la spécialité curative de ses eaux, une bonne installation balnéaire, et la salubrité de la contrée au milieu de laquelle il est situé.

Or, les principaux thermes du Dauphiné, Allevard, Uriage et la Motte, jouissent chacun de l'heureux privilége de posséder tous ces titres à la faveur médicale.

Ce n'est pas un médiocre avantage pour les malades et pour la fortune publique que des eaux différentes par leur composition chimique et par leur application médicale apparaissent à peu de distance les unes des autres. Cette réunion de sources différentes sur un périmètre relativement restreint, permet à des établissements voisins de grandir sans se nuire, elle permet aussi aux médecins dauphinois de remplir, sans grands frais de déplacement pour leurs malades, des indications curatives qu'ailleurs on ne peut satisfaire qu'au prix de lourds sacrifices.

L'empirisme d'abord, une sorte d'instinct médical, plus tard les déductions scientifiques tirées du mode de minéralisation des eaux, ont fait à chacun de nos établissements thermaux la part qui leur revient dans le traitement des maladies.

La Motte, à cause de sa haute thermalité (60° cent.), de la nature et de l'abondance de ses eaux, a développé le traitement externe, l'hydrothérapie thermale. Comme à Aix en Savoie, on s'y applique à bien doucher, à amener à la peau des transpirations abondantes.

Les diverses manifestations du rhumatisme, même les plus graves, les paralysies cérébrales ou spinales qui ont atteint leur période d'état, voilà les plus certaines indications des eaux de la Motte. L'expérience s'est depuis longtemps prononcée dans ce sens pour les sources congénères de la Motte, Balaruc, Bourbonne et Bourbon l'Archambault.

Le lymphatisme exagéré et la scrofule sont

utilement combattus par un traitement mi-
néro-thermal aux eaux de la Motte. Le chlorure de sodium qui minéralise ces eaux , la
quantité très-appréciable de bromures et d'io-
dures alcalins qu'elles contiennent rendent
compte de cette spécialisation. Cependant, il
est important de faire une distinction : les formes symptomatiques cutanées et muqueuses
de la scrofule ressortent des eaux sulfureuses;
les manifestations plus profondes, parenchy-
mateuses et osseuses de cette diathèse sont pré-
férablement justiciables des eaux chlorurées
sodiques.

La Motte s'est fait une véritable spécialité
dans le traitement de la métrite chronique avec
engorgement. On sait que cette maladie, souvent dominée d'une part par les diathèses scrofu-
leuse et rhumatismale, engendre d'autre part
un état anémique, constitutionnel, qui immo-
bilise les efforts du médecin ; de sorte que celui-ci, pris, pour ainsi dire, entre deux feux,
a le plus ordinairement la douleur de voir la
maladie utérine , malgré les médications les
mieux appropriées, faire peu de progrès vers
la guérison. Hé bien , la médication minéro-
thermale par les eaux de la Motte , continuée
pendant un temps suffisamment long, s'approprie merveilleusement à ce genre de curation ;
elle s'adresse à la diathèse qu'elle mine sour-

dement, modifie les surfaces malades, remonte l'organisme, met enfin sur la voie d'accomplir facilement, après la saison des eaux, des restaurations inespérées.

La salubrité du climat de cette station répond au genre de maladie qu'on y traite. L'établissement thermal, situé à 630 mètres au-dessus du niveau de la mer, occupe le fond d'un vaste entonnoir tapissé de champs, de prairies et de bois. La déclivité du terrain hâte l'écoulement des eaux de la vallée vers le Drac; l'abri que lui offre le Monteynard contre le vent du nord, conserve à l'air cette tiédeur si favorable au maintien des fonctions cutanées. La température pendant la saison thermale est des plus modérées, elle oscille généralement entre 18 et 24 degrés centigrades ; elle garde à la Motte un caractère de constance remarquable pour un pays alpestre : cela tient à l'abri que lui procurent les montagnes, par suite, à son moindre rayonnement.

On pourrait reprocher à la Motte son horizon borné, mais on ne peut nier le charme et la grâce tranquille du paysage qui l'entoure. Le vieux château qui sert d'établissement thermal, a su conserver sous ses différentes restaurations, un air de vétusté qui rappelle les temps féodaux ; vu des pentes élevées d'Aveillans, il apparaît sur son mamelon boisé comme un magnifique vaisseau à l'ancre se reposant dans un flot de verdure.

Les eaux d'Allevard sont les antipodes des eaux de la Motte ; autant ces dernières sont fixes dans leur composition et thermales, autant les premières sont froides (16° c.) et éminemment altérables, grâce à l'abondance des principes gazeux qui les animent. Ceci explique les soins infinis qui ont dû présider à l'aménagement de la source d'Allevard, afin d'éviter toute déperdition de l'élément volatil ; nous devons ajouter que ce travail a été exécuté avec tout le succès désirable.

La caractéristique d'Allevard, au point de vue chimique, est la présence au sein des eaux d'une riche proportion d'hydrogène sulfuré (24, 75 cent. c.). L'acide carbonique (97 cent. c. et l'azote (44 cent. c.) complétent la remarquable composition gazeuse de ces eaux. La proportion des principes fixes (2 gr. 24) est un élément non moins digne d'attention pour des eaux de cette espèce qui sont généralement pauvres sous ce rapport.

Le rôle dominant appartient à l'hydrogène sulfuré qui se trouve libre dans les eaux. De là à son dégagement par des transvasements successifs dans des coupes superposées et à l'imprégnation de l'air respiré par les malades, il n'y a que la distance qui sépare la conséquence des prémisses.

les résultats ont répondu à l'idée. Aujourd'hui le traitement par les inhalations sulfurées dans les affections de l'arbre aérien devient la base de la curation de ces maladies, avec les éléments accessoires, tels que : eau minérale en boisson, douches locales, générales, bains généraux et locaux, etc. Et voilà comment les eaux d'Allevard ont subi la même transformation que les eaux Bonnes, eaux d'arquebusades autrefois, mais qui ont fait depuis bon marché de cette spécialité.

Si l'on nous demande pourquoi la méthode des inhalations est moins en honneur à Cauterets, Bagnères, Luchon, etc., nous répondrons qu'aux Pyrénées, Bonnes excepté, l'élément sulfureux est combiné au sodium, que par suite il est plus fixe, moins prompt à se dégager, et que dès lors il y a avantage, pour en recueillir les effets, à prolonger le contact de l'eau au moyen, soit de la boisson, soit des bains.

Que l'hydrogène sulfuré mélangé à l'air respirable soit topiquement appliqué sur les muqueuses bronchiques, ou que, venant de l'intérieur, il soit exhalé par les mêmes muqueuses, son action est identique. Cette action est spéciale, on pourrait dire spécifique dans l'inflammation chronique de ces organes. Aussi le catarrhe, la bronchorrée, l'asthme, le coryza,

, phlegmasies du larynx, du pharynx, l'aphonie, sont-ils presque toujours soulagés ou guéris par les eaux d'Allevard.

La phthisie elle-même, à certaine période et dans de certaines conditions, y trouve un amendement à sa marche terriblement envahissante.

Trois indications se présentent dans le traitement de la phthisie tuberculeuse :

Combattre l'état constitutionnel ou diathésique sous l'empire duquel le tubercule menace de se développer ou s'est développé ;

Modifier l'état catarrhal qui accompagne la tuberculisation pulmonaire, et éteindre les altérations concomitantes, engouements, engorgement ou pneumonie chronique ;

Favoriser l'expulsion des tubercules déjà formés ou leur enkystement.

Il est des individus qui naissent prédisposés à la phthisie, leurs antécédents héréditaires et certains caractères d'organisation permettent de reconnaître cette prédisposition. Il est important de s'opposer à l'explosion imminente des symptômes morbides. Outre les moyens hygiéniques (changement de climat, d'habitudes, de manière de vivre), outre les moyens médicaux (préparations iodées, ferrugineuses, huile de foie de morue), la médecine dispose d'un moyen puissant, l'action reconstituante des eaux minérales, des eaux chlorurées sodiques en particulier, comme celles d'Uriage, de la Motte.

La manifestation tuberculeuse s'est-elle démontrée par quelques accès de toux, un commencement d'émaciation, de l'oppression, par certains autres signes familiers aux praticiens, la médecine doit s'adresser aux eaux franchement sulfureuses, comme celles d'Allevard, pour ne plus les abandonner désormais.

L'hydrogène sulfuré convient admirablement dans ce cas ; il possède une action sédative qui calme les manifestations nerveuses pulmonaires ou péri-pulmonaires, quintes de toux, oppression, douleurs d'irradiation dans les parois de la poitrine ; il jouit en outre, à un haut degré, de cette action spéciale qu'il n'est pas possible en l'état de définir, qui fait des eaux sulfhydriquées, des eaux d'Allevard en particulier, la médication par excellence des inflammations chroniques de l'arbre respiratoire. De là l'action de ce gaz sur les muqueuses bronchiques et consécutivement sur les indurations du tissu pulmonaire ; de là la simplification de la phthisie, un arrêt dans la maladie et parfois une guérison définitive.

En matière de syphilis, l'action de l'eau sulfureuse d'Allevard mérite une mention particulière :

Le seul spécifique de la vérole est le mercure. Il est des formes de la maladie, il est des organisations qui sont rebelles et qui exigent un traitement mercuriel prolongé. Dans ce cas, si le médecin s'obstine à faire usage de la même arme et à poursuivre la maladie à outrance, il arrive que le malheureux patient devient aussi malade de la maladie du remède que de la syphilis. Il faut alors expulser de son organisme le métal dont il est saturé, et qui agit sur lui, non comme un remède, mais comme un poison. Ce seront les eaux sulfureuses, telles que celles d'Allevard, dont l'action spoliatrice est bien connue, qui rempliront cet office bienfaisant. Mais si, mieux avisé, dans ces formes rebelles, le médecin fait marcher de pair le traitement spécifique avec la cure minérale, il obtiendra avec des doses minimes de mercure, des effets curatifs décisifs, et surtout n'exposera pas son malade à la mésaventure de voir s'ajouter un autre mal au sien.

Vu la richesse sulfureuse des eaux d'Allevard, les maladies cutanées anciennes, les accidents nerveux, tels que migraines, névralgies diverses, troubles gastro-intestinaux tenus sous la dépendance du vice dartreux, ne peuvent être plus rationnellement adressés qu'à ces eaux.

Elles revendiquent encore dans leur domaine curatif : une affection commune chez

les femmes herpétiques, la métrite avec leu-
corrhée abondante, accompagnée de peu ou
pas d'engorgement utérin, et presque toujours
compliquée d'érosion sur le museau de tanche
ou dans son intérieur; les écoulements prosta-
tiques et les pertes séminales, celles surtout
qui sont liées à la diathèse dartreuse, aux
habitudes vicieuses.....

Comme annexe aux bains sulfureux d'Allevard, il existe un petit établissement particulier où se donnent des bains de petit-lait et
les bains de plantes aromatiques de montagnes. « Le bain de petit-lait pur est franchement sédatif, non-seulement de l'enveloppe
cutanée, mais aussi de l'organisme entier; il
l'est à un plus haut degré que celui d'eau
douce : il calme le prurit, la douleur, il modère
sensiblement les contractions du cœur, et
laisse du bien-être, avec un sentiment de fraîcheur ou de froid général suivant le temps.
Cette médication, encore peu connue en dehors
d'Allevard, est une sorte de correctif et d'anta-
gonisme à la sulfuration, et, comme tous les
agents de la thérapeutique, une arme à deux
tranchants qu'il faut savoir utiliser.» (Dr Laure,
*L'eau d'Allevard au point de vue des mala-
dies des poumons.)*

Le climat d'Allevard est à lui seul une médication. Assise dans une riante vallée qui court

du nord au sud dans une direction parallèle à
la grande vallée de Graisivaudan, et à une altitude de 475 mètres, la coquette petite ville s'é-
tale sur les bords du Bréda qui s'échappe joyeux
et bondissant de la gorge du Bout du monde.
Les grands glaciers du Gleysin, les hauteurs de
la Taillat, de Planchanet, de Brame-Farine,
la riche végétation qui couronne les cimes, forment un magnifique cadre aux maisons blan-
ches, aux riches hôtels et à la jolie église go-
thique d'Allevard.

A l'extrémité septentrionale de la .vallée, la
montagne Sainte-Marguerite ferme l'accès au
vent du nord, le sol qui se relève lentement
d'Allevard à St-Pierre et les croupes du Barioz
forment abri du côté du midi; au levant, le
gigantesque massif des Sept-Laux, et au couchant, le pittoresque Brame-Farine, terminent
la ceinture protectrice de ce coin privilégié
des Alpes. Si, dans les soirées d'été, l'air frais
des glaciers ne s'épanchait par la gorge du
Bréda, on ne respirerait à Allevard qu'un air
embrasé. Mais ici comme partout le mal se
glisse à côté du bien, les habitations qui bordent le torrent sont sujettes à des fraîcheurs
nuisibles à la santé de ceux qui les habitent,
et les propriétaires des eaux ont été bien ins-
pirés de transporter assez loin des rives du
Bréda les thermes avec toute l'activité indus-
trielle qui en dépend.

Rappeler la faible altitude d'Allevard, constater les obstacles naturels qui s'opposent à l'action des vents, c'est donner les raisons de la douceur de son climat, de l'égalité de sa température.

N'est-ce point là, pour le traitement des maladies pulmonaires et bronchiques, un précieux élément de succès ?

« A partir du 15 juin, le climat d'Allevard est remarquable par la douceur et par l'égalité de sa température : il n'y a ni serein, ni brouillard, et si nous exceptons les jours de pluie qui se font quelquefois désirer, l'air n'est pas froid, n'est pas humide, et subit peu de commotions ; il permet la promenade le matin et le soir, jusqu'à la nuit, à la condition d'éviter les chutes du Bréda ; il s'en échappe une poussière d'eau qu'on peut voir au soleil et qu'on ne respire pas sans inconvénient. Ce voisinage est interdit aux baigneurs qui s'enrhument souvent. » (Dr Laure, *loc. cit.*)

Nous ajoutons que la situation d'Allevard au pied des grandes Alpes en fait le point de départ d'une foule d'excursions où botanistes et savants, poètes et touristes trouvent à satisfaire leurs goûts. Les malades attachés à la vallée peuvent, sans quitter leur siége, contempler les magnifiques accidents des montagnes, les jeux de lumière qui en rendent l'expression variée. Les baigneurs plus valides ont mille facilités de se livrer à un plaisir moins platonique. Nous croyons même possible, vu les hauteurs diverses des buts d'excursions, d'organiser, sous le rapport médical, une sorte de graduation méthodique dans les courses pour les convalescents, les organisations faibles, nerveuses, qui ont besoin d'être fortifiées progressivement et sans secousse.

Entre Allevard et la Motte se place Uriage. Cette situation topographique du plus brillant de nos établissements thermaux répond à la position qu'il doit occuper dans l'histoire naturelle et médicale des eaux minéro-thermales du Dauphiné. Il a de la Motte les principes minéralisateurs fixes, mais en plus grande abondance (10 grammes par litre); il a d'Allevard l'hydrogène sulfuré, bien qu'en moindre proportion (7 centilitres cubes). De sorte qu'Uriage devient une sorte de transition, un véritable lien entre les deux thermes ses voisins qui occupent les pôles opposés.

Le titre d'Uriage à la notoriété médicale résulte du chiffre de ses éléments salins et de l'addition à sa composition minérale d'une proportion très-appréciable de gaz hydrogène sulfuré. Il ressort de cette rare association un type d'eau minérale (chlorurée-sodique-sulfureuse) qui n'a d'analogue en Europe que celui des eaux d'Aix-la-Chapelle et de St-Gervais (Savoie).

L'action thérapeutique des eaux d'Uriage est la résultante de ce double signalement salin et sulfureux.

Le lymphatisme exagéré, la scrofule depuis ses manifestations cutanées et muqueuses jusqu'aux lésions articulaires et osseuses les plus graves et les plus profondes ; les affections de la peau, celles surtout qui réclament en même temps que la qualité sulfureuse des eaux des propriétés laxatives, sont les plus sûres indications des eaux d'Uriage.

Quant à l'application de ces eaux aux inflammations chroniques des voies respiratoires, elle nous paraît bornée à quelques cas seulement, comme l'ozène, la bronchite des scrofuleux et des rhumatisants; la stimulation imprimée à l'organisme par des eaux aussi fortement minéralisées doit rendre le médecin très-circonspect en pareille matière. De l'aveu du médecin-inspecteur, « la phthisie pulmonaire, surtout à certaines périodes, se trouverait aggravée par l'excitation du traitement thermal; si l'on y a recours, ce devra être avec la plus grande réserve, et seulement quand il n'y aura pas lieu de craindre une réaction inflammatoire trop vive. » (Dr Doyon, *Annales de la Société d'hydrologie médicale de Paris*, tom. onzième, page 245.)

Le rhumatisme chronique, celui surtout qui
se greffe sur une constitution délabrée et peut
amener des déformations irréparables dans les
jointures, trouve souvent à Uriage une guérison inespérée.

Certains cas de paralysie ancienne peuvent
également bénéficier de ces eaux, particulière-
ment dans ceux où l'irritation cérébro-spinale
n'est plus à craindre, et où il y a indication
d'entretenir pendant un certain temps la liberté
du ventre.

Le résultat constant d'un traitement bien
conduit à Uriage est une restauration de l'organisme qu'on obtient rarement ailleurs à un
degré pareil; aussi voit-on affluer à cette heu-
reuse station les enfants étiolés ou surmenés
par une croissance trop rapide, les jeunes filles
lentes à se former, les femmes du monde que
de longues veilles ont affaiblies, etc.

« Uriage est situé à 414 mètres d'altitude,
dans une vallée au milieu des Alpes, à 12 kilo-
mètres de Grenoble. Son peu d'élévation au-
dessus du niveau de la mer fait que son climat
est analogue à celui de la vallée de Graisivaudan; aussi la végétation y est-elle des plus vi-
goureuses et sur les pentes bien exposées de
ses coteaux la vigne donne d'excellents pro-
duits. La vallée est complétement abritée des
vents du nord par la colline sur laquelle s'élève

l'antique manoir d'Uriage. Les orages y sont rares, les variations atmosphériques peu sensibles, les brouillards inconnus. Ce vallon ainsi fermé à tous les vents, spacieux, bien aéré, inondé de soleil et d'exhalaisons végétales, se trouve par conséquent dans les conditions météorologiques les plus satisfaisantes sous le rapport de l'hygiène. » (Dr Doyon, *loc. cit.*)

En résumé, les trois principales sources de l'Isère, en raison de leur thermalité et de leur minéralisation variée, réclament des applications médicales différentes.

La Motte revendique le traitement thermal du rhumatisme, des paralysies et de la scrofule. Comme application secondaire, elle s'adresse aux hypertrophies en général, aux maladies utérines avec engorgement.

L'action spéciale des eaux d'Allevard s'exerce sur les inflammations chroniques de tout l'arbre respiratoire, le coryza, la pharyngite, la laryngite, la bronchite, l'asthme, l'emphysème, les engouements et les engorgements pulmonaires. Le titre hautement sulfuré des eaux les recommande dans les dermatoses, les manifestations variées de l'herpétisme. Elles comptent parmi leurs applications secondaires le traitement de la syphilis, des maladies utérines tributaires du vice dartreux, de la chlorose et des différentes névroses qui sont justifiables de l'action sédative des bains de petit-lait ou des bains aromatiques.

Le lymphatisme, soit congénital, soit acquis, la scrofule avec ses mille manifestations, certaines maladies rebelles de la peau, forment le domaine thérapeutique spécial des eaux d'Uriage. Leur action résolutive en même temps que récorporative les recommande dans certaines formes atoniques de rhumatisme, de paralysie, de maladies utérines. On sollicite leur effet reconstituant dans le développement difficile de l'enfance, la débilité qui résulte des fatigues physiques et morales de la vie.

Avant de clore cet écrit, nous désirons dire un mot de deux sources minérales qui nous ont rendu de signalés services alors que nous exercions à la Motte, ce sont les eaux d'Oriol et les eaux du Monestier-de-Clermont. Toutes les deux sont froides et gazeuses, les premières bicarbonatées ferrugineuses et les secondes alcalines bicarbonatées mixtes.

Les eaux d'Oriol n'en sont pas à faire leurs preuves. Depuis longtemps les médecins du pays et ceux de Grenoble les ordonnent aux malades atteints de chlorose, d'anémie, aux convalescents dont les fonctions digestives se relèvent avec lenteur; elles ont réussi dans certaines hydropisies passives, dans les fièvres intermittentes rebelles, etc.

Il ne faut pas confondre la source dont nous parlons avec les sources ferrugineuses dites de prairies que possède presque chaque établissement thermal. Ces dernières, d'une composition peu stable, perdent bien vite leur qualité ferrugineuse ; l'absence ou la minime quantité d'acide carbonique qu'elles contiennent favorise cette altération et les rend lourdes à l'estomac.

Les eaux d'Oriol sont des eaux d'origine souterraine, très-fixes dans leur composition, et qui, mises en bouteilles avec soin, se conservent bien et peuvent s'expédier au loin, au même titre que les eaux ferrugineuses de Spa, de Bussang, d'Orezza, etc.

La teneur ferrugineuse que leur attribue M. O. Henry est certainement inférieure, dans l'analyse qu'en a faite cet habile chimiste, à celle qu'elles ont réellement à la source. Je n'en veux pour preuve que les résultats obtenus en 1843 par deux chimistes de talent, nos compatriotes, MM. Gueymard et Leroy, qui, eux, expérimentèrent sur les eaux d'Oriol fraîchement recueillies, et qui obtinrent 0 gr. 09 de bicarbonate de fer, tandis que M. O. Henry, opérant sur des eaux transportées et peut-être altérées, n'indique dans son analyse que 0,046 de ce même sel.

Les eaux du Monestier-de-Clermont s'adressent principalement à la dyspepsie acide et à celle que caractérise l'atonie des fonctions digestives. Une autre classe de malades se trouve également bien de ses eaux, ce sont ceux qui sont atteints de catarrhe vésical ou de gravelle, où l'état des reins et de la vessie ne permet pas une médication active.

Enfin, les eaux du Monestier-de-Clermont sont d'excellentes eaux de table; leur fraîcheur, l'abondance de leur acide carbonique, leur mode de minéralisation, les feront rechercher quand elles seront mieux connues.

Avec une minéralisation plus effective que les eaux de Condillac et de Saint-Galmier, elles en remplissent aussi bien, sinon mieux, toutes les indications médicales.

Pas n'est besoin, pour faire apprécier ces eaux, de les comparer aux eaux de Vichy; elles ont, il est vrai, un degré de parenté avec les célèbres sources de l'Allier, mais le degré est si éloigné, qu'il est prudent de ne pas l'invoquer.

Il nous reste, à propos d'Oriol et du Monestier-de-Clermont, à formuler un vœu que nous exprimons à qui de droit: certainement que des eaux bicarbonatées froides ne sont pas susceptibles de recevoir une appropriation thermale de quelque importance; le débit des sources, leur température, la constitution minérale des eaux, y forment obstacle, mais du moins les propriétaires pourraient y construire une élégante buvette où il serait possible aux malades d'aller puiser le remède à sa source dans toute son intégrité, c'est-à-dire dans toute son efficacité. Le nombre des buveurs serait restreint d'abord, mais l'affluence ne tarderait pas à être plus grande, grâce à la proximité respective de deux centres importants, Mens et le Monestier-de-Clermont.

Il n'est pas indifférent, même pour des eaux facilement transportables, de les boire près ou loin de la source. Au moment de leur sortie souterraine, leur intégrité est complète, elles sont vivantes, a-t-on dit; quelques instants après, elles sont déjà moins animées, quelques bulles de ce gaz qui fait leur vie les ayant abandonnées. Quel que soit, à cet égard, le sentiment de chacun, les données de la science et de la raison doivent être respectées ; c'est pourquoi nous demandons l'installation d'une buvette au griffon des sources aux propriétaires des eaux d'Oriol et du Monestier-de-Clermont.

Analyse des principales Eaux minérales du Dauphiné.

Eaux de la Motte.

Température................ 58 à 60° centigrades.

EAU : un litre.

	Source du Puits.	De la Dame.
Acide carbonique.........	Quant. indét.	Id.
Carbonate de chaux......	Gram.	Gram.
— de magnésie...	0.80	0.64
Crénate et carbonate de fer. Manganèse..............	0.02	0.01
Sulfate de chaux..........	1.65	1.40
— de magnésie......	0.12	0.10
— de soude.........	0.77	0.67
Chlorure de sodium.......	3.80	3.56
— de magnésium...	0.14	0.12
— de potassium....	0.06	0.05
Bromure alcalin..........	0.02	traces.
Silicate d'alumine.........	0.06	0.05
	7.34	6.60

(*O. HENRY*, 1842.)

Eau d'Allevard.

Température.................... 16° centigrades.

Gram.

Sulfate de soude......................... 0.535

— de magnésie..................... 0.523

```
—    de chaux........................ 0.298
Chlorure de sodium................. 0.503
—     de magnésium................. 0.062
Carbonate de magnésie.............. 0.062
—     de chaux..................... 0.305
Silice et fer...................... 0.005
                                     ——————
                                      2.24
```

Centil. cub.

```
Acide sulfhydrique................. 24.75
Acide carbonique................... 97
Azote.............................. 41
```

(*DUPASQUIER*, 1840.)

Eau d'Uriage.

Température................... 27° centigrades.

Centil. cub.

Azote............................... 19.5

Gram.

Acide carbonique libre...........	3, 2 ou 0.0062
— sulfhydrique..............	7, 34 ou 0.0113
Chlorure de sodium..............	6.056
— de potassium.............	0.40
— de lithium...............	0.007
— de rubidium.............	
Iodure de sodium..............	Impondérable.
Sulfate de chaux..............	1.52
— de magnésie.............	0.60
— de soude................	1.187
Bicarbonate de soude...........	0.555
Hyposulfite de soude...........	indices.
Arséniate de soude.............	0.0021
Sulfure de fer................	Impondérable.
Silice.........................	0.079
Matières organiques............	indices.
	10.426

(*LEFORT*, 1865.)

Eau d'Oriol.

Température...	18° centigrades.
	Lit.
Acide carbonique libre.............	0.84
Bicarbonate de chaux...... ....⎧	Gram.
— de magnésie.........⎭	1.150
— de soude...............	0.100
— de protoxyde de fer....	0.046
— de manganèse.........	sensible.
Principe arsénical et iodé.........	non douteux.
Sulfate de soude.................⎫	
— de chaux...............⎬	0.170
— de magnésie............⎭	
Chlorure de sodium.... ....⎱	0.014
— de magnésium... ....⎰	
Silice, alumine..................⎱	0.020
Matières organiques.............⎰	
	‾‾‾‾‾
	1.500

(*O. HENRY*, 1859.)

Eau du Monestier-de-Clermont.

Température....................	12° centigrades.
	Lit.
Acide carbonique libre et demi combiné.....	0.982
— tout à fait libre..........	0.492
Azote.........................	0.024
	Gram.
Bicarbonate de soude....................	0.794
— de chaux....................	0.886
— de magnésie..................	0.547
— de fer....................	traces.
Silicate d'alumine.....................	0.033
— de chaux.....................⎱	traces.
— de soude....................⎰	

Chlorure de sodium......................... 0.050
Sulfate de soude........................... 0.333
   —   de chaux........................... 0.015
   —   de magnésie........................ 0.016
$$\overline{2.674}$$

(*LEROY*, 1843.)

24

www.ingramcontent.com/pod-product-compliance
Lightning Source LLC
Chambersburg PA
CBHW070820210326
41520CB00011B/2043